Bibliografische Information der Deutschen Nationalbibliothek:

Die Deutsche Bibliothek verzeichnet diese Publikation in der Deutschen Nationalbibliografie; detaillierte bibliografische Daten sind im Internet über http://dnb.d-nb.de/ abrufbar.

Impressum:

Druck und Bindung: Books on Demand GmbH, Norderstedt Germany
ISBN: 9783668652323

Dieses Buch bei GRIN:

https://www.grin.com/document/413593

Phi Linh

Medikamente im Haushalt. Synthese von Acetylsalicylsäure

GRIN Verlag

MARIA-THERESIA GYMNASIUM

W-SEMINAR „CHEMIE IM HAUSHALT“

Medikamente im Haushalt - Synthese von Acetylsalicylsäure

Phi Linh Phan

Abgabetermin: 7. November 2017

Inhaltsverzeichnis

1 Bedeutung und Geschichte von Medikamenten

Es existieren über 30000 physische und psychische Krankheiten, die je nach Ausmaß zu einer kurzen Beeinträchtigung bis zum Tod führen können. Ein Drittel dieser sind heutzutage behandel- bzw. linderbar, nur bei einem Bruchteil hofft man auf Heilung. Krankheiten entstehen durch Krankheitserreger, äußere Einwirkungen mechanischer, chemischer oder thermischer Art, psychisch beeinflussende Komponenten sowie durch Vererbung. Sie werden in chronische und akute Krankheitsbilder unterteilt.

Über eine ausführliche Anamnese und Deutung bestimmter Symptome bzw. Syndrome gelingt es Ärzten, Krankheiten zu diagnostizieren. Bei ihrer Heilung, Linderung oder Vorbeugung benötigt man Medikamente, falls sie durch Therapien nicht erlangt werden können. Schon in Zeiten der Neandertaler vor 40-70 Tausend Jahren wurden Heilpflanzen als Medikamente verwendet. Später entdeckten die Menschen immer mehr davon. Die frühen Hochkulturen in Assyrien und ägypten kannten schon über hundert pflanzliche, tierische und mineralische Arzneimittel. Besonders aus dem antiken Griechenland, Zentrum der Wissenschaft, entstanden viele Bücher, die fast 1000 natürliche Medikamente beschreiben und als Basis für das mittelalterliche Arzneiwissen dienten. Im Vergleich zu anderen Wissenschaften wuchs die mittelalterliche Pharmazie enorm aufgrund gigantischer Seuchen und Epidemien, die ein Drittel der damaligen Population vernichtete. In der Zeit wurden viele vergessene arabische Schriften ins Lateinische übersetzt und weiterentwickelt. In der Neuzeit wurde der europäische Arzneischatz durch die Entdeckung Amerikas und des Seeweges nach Indien extrem bereichert.

Durch die dadurch entstandene neue Dimension des Handels mit Heilpflanzen und Drogen beschäftigte sich die Alchemie zunehmend mit der Pharmazeutik, um dort finanziell Erfolg zu haben. Seit dem 19. Jahrhundert wuchs das Wissen in der Chemie, sodass bekannte Wirkstoffe aus Heilpflanzen isoliert werden konnten.

Gegen Ende des 19. Jahrhunderts wurde die organische Synthese von Arzneimitteln entwickelt und massiv durch die chemische Industrie gefördert; es entstanden viele Schmerzmittel wie Aspirin. Im 20. Jahrhundert setzte man in Folge biochemischer Erkenntnisse Hormone und Vitamine therapeutisch ein. Durch die pharmazeutische Entwicklung und dem steigenden Hygienebewusstsein in der Geschichte sind einst lebensbedrohliche Erkrankungen (Pest, Spanische Grippe), die auf Mikroorganismen zurückzuführen sind, stark zurückgegangen. In den heutigen Industrieländern gehen die Hauptgefahren von Gefäß-, Geschwulst- und Stoffwechselkrankheiten aus, die mehr als 80% der heutigen Todesfälle verursachen. In der folgen-den Grafik wird deutlich, dass 39% der Todesfälle in Deutschland auf Krankheiten zurückzuführen sind, die das Herz-Kreislaufsystem beeinflussen.

Zum Beispiel ist der Schlaganfall, ein plötzlicher Ausfall von Gehirnfunktionen aufgrund von Blutversorgungsstörungen, die zweithäufigste Todesursache in den Industrieländern. Auch die steigende Anzahl an Krebspatienten erhöht das Streben nach Heilmitteln. Jährlich acht Millionen Menschen sterben weltweit aufgrund von Krebserkrankungen. Todesfälle nach Infektionskrankheiten wie Malaria oder AIDS in den Entwicklungsländern können durch Aufklärung, verbesserter Hygiene und durch ausreichender medizinischen Versorgung umgangen werden.[1]

Auch unsere Hausapotheke zeigt sich durch ihren alltäglichen Gebrauch von Bedeutung. So besitzt ein Gesundheitsbewusster eine große Menge an Medikamenten. All dies zeigt die Bedeutung von Medikamenten als Werkzeug zur Heilung, weshalb die folgende Seminararbeit das Thema „Medikamente im Haushalt - Synthese von Acetylsalicylsäure“ behandelt. Im ersten Teil wird die Entstehung eines Medikamentes beschrieben, die durch zahlreiche strenge Kontrollen eine hohe Qualität eines solchen Medikamentes sichergestellt wird. Das Schmerzmittel „Aspirin“, welches aus Acetylsalicylsäure besteht, wird als Beispiel für ein Medikament analysiert

[1] Nach [5], [1, S.10, 163]

und im Versuchsteil selbst hergestellt. Der Reinheitsgrad der selbst synthetisierten Acetylsalicylsäure wird daraufhin als Qualitätsindikator mit dem des industriell hergestellten Aspirins verglichen. Zum Schluss ziehe ich ein Fazit aus dem Experiment und gebe einen kurzen Ausblick über die Zukunft der Medikamente.

2 Medikamente

Das Wort „Medikament" stammt vom lateinischen Wort „medicamentum", welches Heilmittel bedeutet. Umgangssprachlich als Synonym zum Begriff „Medikament" verwendet, unterscheidet sich das Arzneimittel jedoch dadurch von Medikamenten, dass es zusätzlich zu denen noch Diagnostika - Stoffe, die für medizinischen Diagnosen benutzt werden - umfasst. Der Begriff Heilmittel wiederum geht über den des Arzneimittels hinaus, weil es zusätzlich noch immaterielle Behandlungsmethoden enthält.

Medikamente werden somit als Stoffe definiert, die in bestimmter Dosierung der Heilung (kurativ) und Vorbeugung (präventiv) von Krankheiten dienen sowie der Linderung (palliativ) derer Symptome. Nach §2 Abs.1 des Arzneimittelgesetzes unterscheidet man zwischen Präsentationsarzneimitteln und Funktionsarzneimitteln. Während Erstere für die Heilung oder Linderung bestimmt sind - unabhängig von der tatsächlichen Wirkung etwa bei Placebos -, erheben Funktionsarzneimittel keinen Anspruch auf Heilung, werden jedoch aufgrund ihrer Wirkung verwendet.

Die Wissenschaft von den Medikamenten heißt Pharmakologie. Sie lässt sich unterteilen in Pharmakodynamik, die alle erwünschten und unerwünschten biochemischen und physiologischen Effekte eines Medikaments auf den Organismus untersucht, und in Pharmakokinetik, die die Wirkung eines Arzneimittels in Abhängigkeit der Zeit untersucht. [2]

[2] [1, S.12], [5], [4], [6], [7]

2.1 Erforschung eines Medikamentes (ca. 4 Jahre)

In der Pharmazie untersuchen Wissenschaftler unterschiedlicher Fachrichtungen (von Pharmakologen bis hin zu Informatikern) Krankheiten. Insbesondere erforschen sie dabei deren Ursachen - beispielsweise übermäßiger Alkoholkonsum oder Unfälle -, vergleichen Prozesse gesunder und kranker Körper und ermitteln aus den Ergebnissen dar-aus mögliche Auslöser der Krankheit und bedeutende biochemische Vorgänge der Krankheit. [3]

2.1.1 Auswahl des Angriffspunkts

Danach sucht man für das neue Medikament einen molekularen Angriffspunkt, in der Wissenschaft „Target" genannt, im Körper, der an den Krankheitsprozessen beteiligt ist. Es sind Proteine, die sich um eine Vielzahl unterschiedlicher Aufgaben kümmern. Es entstehen Krankheiten, wenn Eiweißstoffe nicht in der richtigen Menge verfügbar sind oder wenn deren Struktur sich zu stark von der Norm abweicht, sodass das Zusammenwirken der Proteine im Organismus gestört ist. Die Arzneimittelforscher erschließen dann die dreidimensionale Struktur eines krankheitsrelevanten Zielproteins mit seinen Vertiefungen an der Oberfläche, die als Bindetaschen für biologische Funktionen dienen. Dadurch können die Wissenschaftler eine Substanz, nachdem sie sie gefunden haben, an den Bindetaschen des Targets ansetzen und die krankheitsrelevante Funktion beeinflussen. Diese muss das Protein hemmen bzw. aktivieren. Dafür braucht man einen Wirkstoff, der wie beim „Schlüssel-Schloss-Prinzip" hinsichtlich seiner Größe, Passform und Bindungseigenschaften genau in die Bindetasche reinpasst. Früher wurden bei der Suche nach Medikamenten viele Schlüssel in wahllosen unbekannten Schlössern „ausprobiert ". [4]

[3] [1, S.163]
[4] [1, S.13, 163-164]

2.1.2 Suche nach der Leitstruktur

Mögliche Substanzen als Medikamente gibt es viele, da die Zahl an möglichen Verbindungen aus den Elementen gigantisch ist. Wissenschaftliche Institute und pharmazeutische Unternehmen sammeln in Substanzbibliotheken Millionen chemischer Stoffe, die sie selber hergestellt bzw. gewonnen haben. Diese Menge wird auf ihre biologische Wirksamkeit durch Serientests jeweils in kleinsten Proben (1/1000 ml) auf Kunststoffplatten (Mikrotiterplatten) mit dem Zielprotein mit Robotern getestet (Screening).

Wechselwirkungen zwischen Probe und Protein machen Testsysteme (Assays) messbar, sodass Roboter sie optisch sichtbar machen können. Bis zu 200000 Prüfungen pro Tag werden im High Throughput Screening (Hochdurchsatz-Screening (HTS)) durchgeführt, wobei darunter ca. 800 bis 2000 Treffer zu finden sind.

Aus dieser Gruppe an Treffern werden die Aussichtsreichsten herausgefiltert. Dabei werden die Treffersubstanzen hinsichtlich ihrer chemischen Struktur gruppiert, sodass erkannt wird, welche Strukturen häufig und damit geeignet sind. Diese Substanzgruppen werden mit allen Versuchsdaten aus der Vergangenheit analysiert und wiederum gefiltert hinsichtlich zweier wichtiger Faktoren:

1. Mögliche Gefahren durch Nebenwirkungen
2. Einfache Herstellung der Moleküle in der Praxis [5]

2.1.3 Auslesen der Entwicklungskandidaten

Es folgen nun Hunderte von Einzelschritten mit einer kontinuierlichen Verbesserung der Substanzeigenschaften. Die wichtigsten Parameter der Optimierung sind die Wirkstärke und die Selektivität der Wirkung, in diesem Fall bedeutet es: ausschließlich Beeinflussung des Zielproteins und möglichst wenige Nebenwirkungen.

[5] [1, S.164-166, 235]

Außerdem kommen trotz des frühen Stadiums der Erforschung physikochemische Faktoren bei der Lagerung, wie zum Beispiel „[...] seine Löslichkeit in wässrigen Lösungsmitteln oder seine Stabilität gegenüber äußeren Einflüssen wie Wärme, Feuchtigkeit, Licht und Sauerstoff [...]“[6] , hinzu.

Die Passform und Wirkstärke werden schrittweise optimiert, indem auf dem Computer die Moleküle des Wirkstoffes dreidimensional dargestellt werden und solange verändert, bis sie in die Zielstruktur exakt hineinpassen. Nach jeder Veränderung testen die Arzneimittelforscher aus, ob die neuen synthetisierten, veränderten Moleküle besser sind als die alten, mithilfe einer Röntgenstrukturanalyse. Diese stellt die räumliche Struktur des Zielproteins, die des Wirkstoffes und damit auch die Bindungswechselwirkungen auf atomarer Ebene dar.

Ungeeignete Substanzen werden infolge des jahrelangen Optimierungsprozesses ausgelesen. Nur wenige der bis zu 10.000 Substanzvarianten schaffen es zu den Entwicklungskandidaten. Diese werden patentiert - der Patentschutz gilt für 20 Jahre - und den vorklinischen Prüfungen übergeben. Damit beginnt die Phase der Entwicklung der einzeln erwählten Substanzen. [7]

2.2 Entwicklung (ca. acht Jahre)

2.2.1 Präklinische Prüfungen

Vor der ersten Anwendung einer Substanz an Menschen, wird ihre Sicherheit und Wirksamkeit durch Labor- und Tierversuche bewiesen. Dies geschieht in den präklinischen Prüfungen. In denen bedeutet jede inakzeptable Nebenwirkung bei den Versuchsprüfungen das Aus für weitere Tests. Stichprobenartige, externe Qualitätskontrollen verlangen zudem die Einhaltung der internationalen „Good Laboratory Practice“ (GLP). Zuerst analysieren hochkomplexe Programme die chemischen

[6][1, S.173]

[7][1, S.167-168]

Strukturen im Vergleich mit anderen Strukturen bekannter Stoffe und schließen bei übereinstimmung positive und negative Eigenschaften dar. Moleküle mit verdächtigen Eigenschaften werden danach strenger geprüft. Mit diesen Ergebnissen arbeiten die interdisziplinären Wissenschaftlerteams weiter. Dabei prüfen und vergewissern sich die Wissenschaftler „in vitro“ in vielen Reagenzglasversuchen, ob die Substanzen bezüglich der Sicherheit und der Wirksamkeit die erwarteten Effekte zeigen. An Zellkulturen wird erkennbar, ob bestimmte biologische Reaktionen ausgelöst werden, die zu Nebenwirkungen führen können. Die meisten der untersuchten Substanzen fallen im Reagenzglastest durch.

Die verbliebenen Kandidaten müssen nach dem Gesetz „in vivo“ in Tierversuchen kontrolliert werden, da kein Testsystem ausreichend gut ist, um die komplexen Wechselwirkungen im Gesamtorganismus abzubilden, sodass immer noch unbekannte Effekte nachgewiesen werden können. Außerdem kann man erst bei Lebewesen eine bestimmte Dosierung des Wirkstoffes bestimmen. „Die Gesetze sind gesetzlich vorgeschrieben und unterliegen strengen Richtlinien und staatlichen Kontrollen [...] und [müssen] bei den zuständigen staatlichen Stellen [...] beantragt werden.“[8] Aus ethischer Verantwortung und Respekt gegenüber Tieren können Tierversuche nur durchgeführt werden, wenn sie wissenschaftlich begründet, notwendig und alternativlos sowie schonend wie möglich sind. In Deutschland werden heute ca. 900.000 Tiere hierfür eingesetzt, allen voran Mäuse und Ratten.

In den Versuchen sind die Wissenschaftler für ihren eigenen Forschungsbereich zuständig:

> *„Pharmakologen untersuchen den Wirkmechanismus der Substanz im Organismus. [...]Pharmakokinetiker [untersuchen] die Reaktionen eines Organismus auf die Substanz in Abhängigkeit von verschiedenen Darreichungsformen. Ein wichtiger Parameter ist die so genannte Bioverfüg-*

[8][1, S.171-172]

barkeit, das ist ein Maß für den Anteil der Dosis, der vom Körper aufgenommen wird. [Die Konzentration des Wirkstoffes ist von Bedeutung, da die Wirkstärke von ihr abhängt.] Aufnahme, Verteilung, Stoffwechsel und Ausscheidung der Substanz werden in einem Wirkprofil dargestellt, das die Konzentration der Substanz im Blutplasma zeitlich mit ihrer Wirkung korreliert. Dabei wird berücksichtigt, dass diese Größen nicht nur von den Eigenschaften der Substanz oder ihrer Darreichungsform abhängen, sondern durch eine Vielzahl weiterer Faktoren, wie zum Beispiel Lebensalter, Krankheiten oder Wechselwirkungen mit Arznei- und Lebensmitteln beeinflusst werden können."[9]

Toxikologen untersuchen, ob und von welcher Dosis an die Substanz unerwünschte Nebenwirkungen hervorrufen kann. Die Verabreichungsdauer - einmalig oder über eine längere Zeit hinweg - wird hierbei berücksichtigt. Die Ergebnisse werden in einem toxikologischen Risikoprofil dargestellt. Der Sicherheitsabstand zur toxischen Dosis wird als therapeutische Breite aufgeführt. Mit der Beziehung zwischen Wirk- und toxikologischen Risikoprofil werden die potenziellen Medikamente bewertet. So kann ein Krebsmittel trotz hoher Risiken vor schlimmen Nebenwirkungen genauso gut wie einfache Schnupfenpräparate angesehen werden.[10]

2.2.2 Formulierung der Darreichungsform

Parallel zu den präklinischen Prüfungen wird die Darreichungsform des Wirkstoffs mit ihrer zugehörigen Verpackung bis zu den klinischen Prüfungen geplant, um dafür marktnahe Prüfmuster bereitstellen zu können. Dieser pharmazeutische Entwicklungsschritt stellt den übergang zwischen Wirkstoff und Medikament dar. Es werden dabei die physikochemischen Eigenschaften des Wirkstoffes und die Bedingungen am

[9] [1, S.169-170]

[10] [1, S.169-172, 179, 235]

Anwendungsort sowie die Herstellung und deren Kosten beachtet. Außerdem spielen Marketingaspekte noch mit ein, die bedeutend für den Erfolg des Medikaments sind, wie zum Beispiel Geschmack, Farbe und Form, wenn eine freie Auswahl möglich ist.

Man unterscheidet und ordnet die Medikamentenformen nach ihrem Verabreichungsweg:

- oral (durch Mund, schlucken): Tablette, Kapsel, Dragee, Saft
- sublingual (unter Zunge, lutschen): Tablette, Dragee
- nasal (durch Nase, schniefen, träufeln): Pulver, Tropfen
- inhalativ (über Lunge, einatmen): Aerosol
- perkutan (durch Haut): Pflaster, Creme, Salbe, Gel
- rektal (durch Anus): Zäpfchen
- intravenös (in die Arterie): Injektionslösung
- intramuskulär (in Muskel): Injektionslösung (meist Impfstoffe)
- subkutan (unter Haut): Injektionslösung, Implantant

Die Darreichungsformen haben auch ihre spezifische Verpackung. Eine weitere pharmakokinetische, geschmackliche und stabilisierende Verbesserung wird mit speziellen Hilfsstoffen erreicht, die mit dem Wirkstoff verarbeitet werden. Als Hilfsstoffe dienen Bindemittel, Schmiermittel, Gleit- oder Fließmittel, Füllstoffe und Geschmacksstoffe, oft zum Beispiel Stärke oder Fette. Besondere Herstellungsverfahren können zudem die Geschwindigkeit, das Ausmaß, den Ort und die Zeit der Wirkstofffreisetzung angepasst werden. Zum Beispiel werden Tabletten häufig mit einem magensaftresistenten Polymerfilm bedeckt, der empfindlich Wirkstoffe vor der sehr sauren

Magensäure schützt. Wenn die Tablette unbeschadet in tiefere Darmabschnitte eintrifft, löst sich der Film unter diesen pH-Verhältnissen und setzt den Wirkstoff frei. Von Bedeutung sind auch Medikamente mit Depoteffekt mit langfristigen Anwendungen, deren Freisetzung zeitlich an den Bedarf des Patienten angepasst ist. Wie schon davor wird bei jedem Entwicklungsschritt bezüglich zur Darreichungsform die Qualität und Stabilität geprüft[11]

2.2.3 Herstellungsprozess

Zeitgleich mit den vorklinischen Prüfungen beginnen die chemischen Arzneimittelentwickler mit der schrittweisen Erarbeitung des Syntheseprozesses mit besonderem Hinblick auf die Verbesserung und Wahrung der erforschten physikochemischen Eigenschaften [12] und der chemischen Reinheit der hergestellten Substanzen. Bei jeder neuen Verbesserung eines Syntheseprozesses werden hierfür Kontrollen von Analytikern durchgeführt, Stresstests für äußere Einflüsse sowie sehr langjährige Tests, in denen die Haltbarkeit ohne Qualitätsverlust gemessen wird bzw dafür Prognosen erstellt werden. Wegen hoher internationaler Qualitätsansprüche muss die Herstellung die Standards der „GMP" (Good Manufacturing Practice) erfüllen. Deren Einhaltung wird stichprobenartig durch Gesundheitsbehörden oder Qualitätssicherungseinheiten überprüft.

Die Suche nach Herstellungsprozessen ist eine wichtige und schwierige Aufgabe, da man bedenken muss, dass die Medikamente in gigantischen Mengen produziert werden. Der größere Herstellungsmaßstab verlangt größere Synthesegefäße, die den Reaktionsablauf ändern können, da der Temperaturanstieg beim Kochen durch die Größe sehr langsam erfolgt und die Moleküle dadurch ihre thermische Energie länger behalten. Außerdem ist das Gefahrenrisiko durch Verwendung leicht entzündlicher

[11] [1, S.12-13, 176-178, 236]

[12] vgl. 2.1.3

Lösungsmittel entsprechend höher, sodass im schlimmsten Falle die Produktion wegen Umweltschutzgründen eingestellt werden müsste. Auch der finanzielle Aspekt muss bei der potenziellen Verkaufsmenge beachtet werden: Der Prozess muss möglichst effizient sein im Sinne von hoher Wirkstoffausbeute bei niedrigen Geräten, Energie- und Materialaufwand.

Ein leistungsfähiger Syntheseprozess muss am Anfang der Arzneimittelentwicklung schon erarbeitet worden sein, um exakt qualitätsgleiche Substanzen für die präklinischen Prüfungen bereitstellen zu können. Bei der Optimierung des Syntheseprozesses dürfen daher wesentliche Eigenschaften des Wirkstoffes nicht verändert werden, im Notfall müssen betroffene Tests wiederholt werden. In der ersten Arbeitskampagne der Entwicklung werden 5-10 kg in sogenannten Kilolabors hergestellt, in den weiteren Kampagnen während der Entwicklung 20-40 kg., der Bedarf für die ersten klinischen Prüfungen nach der Entwicklung wird in einer Pilotanlage (Technikum) mit 50-80 kg gedeckt. Die endgültige Herstellung findet extern des Forschungsgebäudes statt. [13]

2.2.4 Klinische Prüfungen

Nun haben die Medikamente fast ihre Zulassung erreicht, nachdem sie hohe Hürden schon überwunden haben. Nur durchschnittlich zehn der am Anfang 10000 Substanzvarianten, die das Potenzial zum Medikament hatten, schaffen es in die letzten Prüfungen der Arzneimittelentwicklung, die klinischen Prüfungen. Doch auch hier sind die Kontrollen streng: nur durchschnittlich 8% der Substanzen hier erreichen ihre Zulassung. Während der Hersteller die wissenschaftlichen Studien in den Prüfungen konzipiert, koordiniert und finanziert, führen beauftragte Fachkliniken oder Arztpraxen die klinischen Prüfungen aus, die meist in einer Klinik unternommen werden. Dabei hält man sich an die internationalen Richtlinien, die die Prüfungen

[13] [1, S.173-175]

in drei Phasen unterteilen. Da-bei steigt nach jeder Phase die Anzahl an Probanden, da das nun minimale Gefahrenrisiko nach jedem Erfolg sinkt. In allen Phasen gilt die „Good Clinical Practice“ (GCP), ein Qualitätsstandard für die sichere Prüfung von Arzneimitteln an Menschen. Patienten und Probanden müssen ausführlich „über Chancen und Risiken informiert [werden] und müssen ihr schriftliches Einverständnis geben.“ In Phase I nehmen 20-30 gesunde Testpersonen zwischen 18 und 55 Jahren in einem kurzen oder längeren Zeitraum teil. Da es schwierig ist, an Gesunden pharmakodynamische Aussagen erstellen zu können, analysieren die Mediziner hauptsächlich pharmakokinetische Eigenschaften des Wirkstoffs: seine Aufnahme, Umwandlung, sein Ausscheiden und allgemein die Verträglichkeit. Dabei werden verschiedene Dosierungs- und Darreichungsformen getestet und auch mögliche Wechselwirkungen mit anderen Medikamenten untersucht.

In Phase II wird das Medikament bei 100-500 Patienten mit der zu heilenden Erkrankung untersucht. Hier wird der Fokus auf die Pharmakodynamik gelegt: ob es wirkt, ob Nebenwirkungen entstehen und welche Dosis optimal ist. In Phase III nehmen Tausende von Patienten auf der ganzen Welt unter Beaufsichtigung das neue Medikament ein. Die erfolgten Studien dauern Monate bis Jahre und sollen die bereits ermittelten Daten zu Wirksamkeit und Sicherheit bestätigen, um für die Zulassung als unbedenklich gehalten werden zu können und auch diese mit herkömmlichen Therapien vergleichen. Um bei den Kranken psychologische Einflüsse - d.h. Hoffnungen oder Befürchtungen - auf das Behandlungsergebnis zu verhindern, werden Doppelblindstudien in Phase II und III durchgeführt. In diesen Doppelblindstudien werden zwei Patientengruppen unterschiedlich behandelt: Eine Gruppe erhält das normale Medikament, die andere das Placebo, eine Nachbildung des Präparats ohne den Wirkstoff. Weder Ärzte noch Patienten wissen bis zum Ergebnis, wer welcher Gruppe zugehört.

Die Daten der Studien sammeln Tester und leiten sie an die Hersteller weiter.

Die Entwicklung des Arzneimittels kann in jeder Phase gestoppt werden bei einer nicht ausreichenden Wirksamkeit oder nicht tolerablen Nebenwirkungen, ansonsten wird das Medikament zugelassen. Auch nach ihrer Zulassung wird das neue Medikament beobachtet, indem Arztpraxen regelmäßig ihre Erfahrungen damit den Herstellern übermitteln. Man bezeichnet diesen Zeitraum auch als Phase IV. Zudem wird weiterhin versucht, das Medikament zu verbessern, zum Beispiel durch andere Darreichungsformen oder anderen Dosierungen, und getestet, ob mit dem Medikament sich auch andere Krankheiten lassen. Seit Beginn des Entwicklungsprojekts des Medikamentes sind inzwischen i.d.R. zwölf Jahre vergangen und bis zu einer Milliarde Euro als Investition hineingeflossen, wobei mehr als die Hälfte der Ausgaben auf die klinischen Prüfungen basiert.[14]

2.3 Verkehr

2.3.1 Zulassung (durchschnittlich ca. 1,5 Jahre)

Der letzte Schritt, um das Medikament auf den Markt zu bringen, ist die Zulassung. Die Zulassung beantragen die Hersteller bei den Gesundheitsbehörden der einzelnen Länder, in denen sie das Medikament verkaufen wollen. Kein Medikament darf ohne sie auf dem Markt verkauft werden. In Deutschland ist das Bundesinstitut für Arzneimittel und Medizinprodukte (BfArM) dafür zuständig. Für die Zulassung benötigt man eine Zulassungsdokumentation, die möglicherweise über eine halbe Million Seiten umfasst. In der sind alle Dokumentationen über das Medikament aus Forschung, Entwicklung und Produktion zusammengefasst. Wichtig sind vor allem die Prüfungsergebnisse, die die Wirksamkeit und Unbedenklichkeit mit ihren Nebenwirkungen beschreibt, sowie die Definition des genauen Zwecks für die jeweiligen Patientengruppen es bestimmt ist. Allein für die Dokumentationsprozesse gibt es

[14][1, S.188-191, 193]

im Arzneientwicklungsteam den Bereich Qualitätsmanagement, der für die Zulassungspapiere den ganzen Entwicklungsprozess dokumentiert und kontrolliert. Das Genehmigungsverfahren kann sechs Monate bis zu drei Jahren dauern, da die Behörden alle Ergebnisse nachrechnen und bis aufs Detail kritische Fragen stellen bis hin zu Untersuchungen anstellen, um die Sicherheit der Daten zu gewährleisten.

Nach der amtlichen Zulassung kann das Medikament im jeweiligen Land verschrieben, verabreicht oder verkauft werden. Dazu erscheint das Medikament in Arzneimittelverzeichnissen gekennzeichnet mit folgenden Angaben:

- Name
- Name des Herstellers
- Zusammensetzung
- Hersteller-, Haltbarkeits- und Verfallsdatum
- Zulassungsnummer
- Chargennummer (Produktion)
- Darreichungsform
- Anwendungsgebiete
- Gegenanzeigen (Faktoren, die zu möglichen Schäden führen können)
- Nebenwirkungen und Wechselwirkungen mit anderen Medikamenten
- verschreibungspflichtig oder apothekenpflichtig [15]

[15] [1, S.192-193], [4]

2.3.2 Abgabe

In Deutschland wird bei der Angabe zwischen drei Medikamentengruppen differenziert:

1. **Frei verkäufliche Arzneimittel:** Sie dürfen nur schwach wirksame und niedrig dosierten Bestandteile enthalten (Beispiel: Medikamente mit Pflanzenextrakten)
2. **Apothekenpflichtige Arzneimittel:** Sie sind rezeptfrei, können aber nur über die Apotheke abgegeben werden (Beispiel: Aspirin)
3. **Verschreibungspflichtige Arzneimittel:** Sie sind nur in Apotheken erhältlich und erfordern bei Abgabe eine ärztliche Verschreibung, stark wirksame Medikamente benötigen als Besonderheit ein Betäubungsmittelrezept (Beispiel: sehr starke Schmerzmittel)

Über die Kategorisierung entscheidet eine Expertenkommission des BfArM. Sie ist notwendig, um bei Medikamenten mit stärkeren Wirkungen professionelle Beratung von Apotheken zu gewährleisten, sodass ein angemessenes Arzneimittel sicher benutzt wird und keine Gesundheitsschäden auftreten. Durch die Rezeptpflicht wird zudem ein Missbrauch von Medikamenten bzw. deren überdosierung verhindert, da Medikamente mit sehr starken Wirkungen ein hohes Potential an Suchtgefahr besitzen und toxischer sind.

Bei der Selbstmedikation gilt es für einen sicheren und richtigen Gebrauch, Informationen des Beipackzettels zu beachten. Es fasst die folgenden wichtigsten Aussagen der Arzneimittelkennzeichnung komprimiert zusammen:

- Name
- Zusammensetzung

- Anwendungsgebiet
- Gegenanzeigen
- Warnhinweise
- Wechselwirkung
- Dosierungsanleitung
- Haltbarkeit [16]

3 Acetylsalicylsäure

> *Kein Arzneimittel auf dieser Welt hat eine so faszinierende und rekordträchtige Geschichte - eine Entwicklung, die noch nicht zu Ende ist.*
> - SIR JOHN VANE, Nobelpreisträger als Entdecker des Wirkmechanismus von Acetylsalicylsäure

Im folgenden Abschnitt wird Aspirin als Beispiel für ein synthetisiertes Medikament aus Acetylsalicylsäure herangezogen und analysiert. Acetylsalicylsäure (ASS) wird hauptsächlich als Schmerzmittel (Analgetikum), Fieber-mittel (Antipyretikum), Entzündungshemmer (Antiphlogistikum) sowie als Thrombozytenaggregationshemmer zur Vorbeugung von Blutgerinnseln angewendet.

3.1 Geschichte

Seit der Antike bis ins 19. Jahrhundert wurden Extrakte aus Weidenrinde als Schmerz- und Fiebermittel benutzt.

[16] [8], [9]

1828 wurde Salicin, eine der ASS chemisch ähnliche Substanz, aus Weidenrinde isoliert. Diese reagiert im Körper zu Salicylsäure. Die von A.W.H. Kolbe erfundene und von Rudolf Schmitt verbesserte Kolbe-Schmitt-Reaktion ermöglichte die Synthese und Produktion der Salicylsäure, eine Vorstufe der ASS mit denselben Wirkungen. Das Medikament wurde jedoch selten eingesetzt, da es einen sehr bitteren Geschmack und unverträgliche Nebenwirkungen wie Reizung der Magenschleimhaut besaß. 1897 wurde die Acetylsalicylsäure in reiner Form hergestellt, nachdem zuvor unreine ASS synthetisiert worden konnte und mit dem Markennamen „Aspirin" („A" für Acetylgruppe + „-spir" für Spirsäure (= Salicylsäure) + „in „als Nachsilbe für künstlich hergestellte Substanzen) von der Bayer AG verkauft. Als Erfinder wird heute noch zwischen Felix Hoffmann und Arthur Eichengrün diskutiert. Nachdem das gewonnene Pulver in 250-Gramm-Glasflaschen schon vermarktet wurde, presste Bayer den Wirkstoff in Tablettenform, um eine feste Dosierung zu haben. Das Medikament wird ein finanzieller Erfolg, seit 1950 ist Aspirin das meistverkaufte Schmerzmittel.

Doch trotz seiner erwiesenen schmerzstillenden Wirkung blieb dessen Wirkmechanismus ungeklärt - man nannte ihn „The Wonder Drug That Nobody Understands" - bis 1971 der Pharmakologe John Vane diesen nachwies. Heute ist das kompakte und praktische Medikament zum bekanntesten Schmerzmittel der Welt geworden. Die jährliche Produktion liegt bei 50.000 Tonnen, was einer Menge von 100 Milliarden Standardtabletten entspricht. Seine Unbedenklichkeit und Wirksamkeit kann durch mindestens 200 klinischen Studien mit mehr als 200.000 Patienten aus mehr als einem Jahrhundert angenommen und bestätigt werden. Trotz Erforschung seiner Wirkungsweise gilt Acetylsalicylsäure als noch nicht vollständig erforscht, da heutzutage noch und in Zukunft andere, zusätzliche Wirkungsmechanismen sowie andere Heilwirkungen entdeckt werden, wodurch ASS noch häufiger zum Einsatz kommen könnte. [17]

3.2 Eigenschaften

3.2.1 Chemische und physikalische Eigenschaften

Im Folgenden werden zuerst ihre physikochemischen Eigenschaften, danach die Wirkung der Acetylsalicylsäure beschrieben.

Die Acetylsalicylsäure ist ein Trivialname für 2-(Acetyloxy)benzoesäure bzw. 2-Carboxylphenyacetat nach IUPAC-Regelungen und kann aufgrund ihrer Zusammensetzung aus Essigsäure und Phenol als Ester betrachtet werden. Die Summenformel der ASS ist $C_9H_8O_4$. Ihre Strukturformel wird wie folgend dargestellt: Acetylsa-

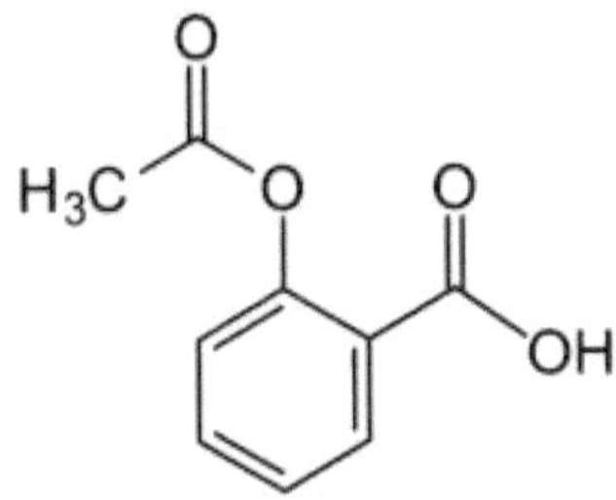

Abbildung 1: Strukturformel der Acetylsalicylsäure, Quelle: Wikipedia, Aspirin

licylsäure erscheint als weißes Pulver oder bildet flache bis nadelförmige Kristalle mit schwachem Geruch nach Essigsäure. Es ist leicht löslich in Ethanol und schwer löslich in Wasser aufgrund seines hydrophoben und lipophilen Benzolrings. Weitere wichtige physikochemische Werte werden in dieser Tabelle dargestellt: [18]

[17] [10], [11]
[18] [11]

Molare Masse	180,2 g/mol
Schmelztemperatur	ca. 135 °C (viele Quellen geben höhere Werte an)
Siedetemperatur	keine, da Zersetzung bei ca. 140 °C
Dichte	1,35 g/cm3
pKs-Wert	3,5
Dampfdruck	gering

Tabelle 1: Physikochemische Werte der Acetylsalicylsäure

3.2.2 Wirkungsmechanismus und Verwendung

ASS verhindert die Produktion von Prostaglandinen. Um die Wirkungen von ASS nachvollziehen zu können, ist ein Verständnis über die Aufgabe von Prostaglandinen notwendig.

Aufgaben der Prostaglandine. Es existieren über 30 verschiedene Prostaglandine mit unterschiedlichen Funktionen. Sie wirken direkt auf Zellen und Gewebe oder beeinflussen andere Hormone. Dadurch sind Prostaglandine in fast jedem Stoffwechselprozess in irgendeiner Weise beteiligt. Folgende Zusammenstellung zeigt ihre wichtigsten Einflussfelder mit den Körperfunktionen:

1. **Herz und Kreislauf:** Gefäßspannung und Blutdruck, Blutplättchenaktivierung, Arteriosklerosenentstehung (Gefäßkrankheit)

2. **Magen-Darm-Trakt:** Sekretion der Magensäure und Verdauungssäfte, Aufnahme von Wasser und Mineralstoffen, Peristaltik des Darmes

3. **Niere:** Blutdruck, Rückgewinnung von Wasser und Mineralien

4. **Fortpflanzungsorgane:** Menstruationszyklus, Fruchtbarkeit, Schwangerschaft, Geburt

5. **Nervensystem:** Körpertemperatur, Fieber, Verständigung zwischen Nervenzellen

6. **Immunsystem:** Abwehrreaktionen

7. **Schmerzmediatoren:** Schmerz, Entzündungen

8. **Bronchialmuskulatur**

Bei Verletzungen wird ein Schmerzsignal durch Prostaglandinen zum Gehirn geleitet und dort verarbeitet. So verstärkt dieses Hormon die Wirkung von Schmerzrezeptoren. Bei Zellschädigung wird Arachidonsäure freigesetzt, welche als Substrat durch Cyklooxygenasen, kurz COX, zu Prostaglandinen synthetisiert wird. Dabei entstehen sie nicht wie andere Hormone im Drüsensystem, sondern direkt am Ort der Einwirkung und können nicht im Körper angereichert werden, da sie sofort zerfallen. Auch Fieber entsteht durch Prostaglandine. Stoffe, die Fieber erzeugen, nennt man Pyrogene. Wenn Pyrogene, wie zum Beispiel Bakterien oder Viren, in den Körper eindringen, werden Abwehrzellen aktiviert, die sich gegen diese körperfremden Strukturen richten. Dabei entsteht die Substanz Interleukin, welches Arachidonsäure in den Zellen freisetzt und somit indirekt die Produktion des Prostaglandins bewirkt. Diese erwärmt den Körper als Signal für eine beginnende Heilung. Neben Schmerzweiterleitung und Fiebererzeugung unterstützen Prostaglandine noch weitere wichtige Funktionen unseres Körpers. Sie schützen den Magen durch das Verhindern einer übermäßigen Produktion von Magensäure und bauen eine Schleimbarriere auf, die eine Selbstverdauung des Magens verhindert. Außerdem tragen sie zur Blutgerinnung bei. Prostaglandine regeln den Blutfluss in den Nieren und damit auch die Ausscheidung von Salzen und Wasser über die Nieren. [19]

[19] [2, S.32-36]

Hemmung der Prostaglandinsynthese und Wirkungen. Ein First-Pass-Metabolismu der z.T. schon in der Magen- & Darmwand einsetzt ermöglicht die schnelle Aufnahme von ASS und die hohe Bioverfügbarkeit von ca. 70%. Dabei wird sie in den Acetylteil und in Salicylsäure zersetzt. Die ASS blockiert die COX und damit die Produktion von Prostaglandinen.

Dadurch sind sie an den Wirkungsbereichen der Prostaglandine beteiligt. Bei der Blockade der COX bindet sich der Acetylrest der ASS irreversibel an diesem. Die damit nicht mehr funktionierenden Enzyme können immer in jeder Zelle mit einem Zellkern nachgebildet werden, Thrombozyten sind deshalb davon ausgeschlossen und müssen neugebildet werden. Durch die Hemmung der Produktion der Prostaglandine und deren Funktionen sind sie automatisch an den Wirkungsbereichen der Prostaglandine mehr oder weniger beteiligt. Folgende Wirkungen und Verwendungsformen sind bekannt, die sich durch den Blockadevorgang erklären lassen können:

- Schmerzlinderung
- Fiebersenkung
- Entzündungshemmung
- Blutgerinnungsverzögerung (häufig und lange, da ein Zusammenballen von Thrombozyten (= Thrombozytenaggregation) für den Blutfluss erforderlich ist, aber Thrombozyten neugebildet werden müssen (benutzt gegen Herzinfarkt oder Schlaganfall)
- Störung der Regulierung der Ausscheidung von Harnsäure
- Auslösen von Magengeschwüren
- Auslösen von Heuschnupfen und Asthma-Symptomen (sehr selten)

Das Auslösen von Allergien und Asthma lässt sich dadurch erklären, dass durch den Ausfall der COX der Körper die freigesetzte Arachidonsäure zu Leukotrienen umwan-deln. Leukotriene können allergische Reaktionen und Asthmaanfälle auslösen, indem sie Atemwege verengen und durch Verkrampfen der Bronchien diese veranlassen, Schleim abzugeben und diesen auszuhusten.

Da besonders Wechselwirkungen und Gegenanzeigen Nebenwirkungen hervorrufen können, gilt es, Folgendes zu berücksichtigen:

„ASS darf nicht eingenommen werden bei

- Magen- und Zwölffingerdarmgeschwüren
- krankhaft erhöhter Blutungsneigung
- bekannter überempfindlichkeit oder Allergie gegen Acetylsalicylsäure
- Schwangerschaft, vor allem nicht im letzten Drittel“[20]

Dies sind absolute Gegenanzeigen, die eine Anwendung von ASS verbieten. Relative deuten auf Gefahren hin, sodass ein Arzt normalerweise jemanden mit Besitz dieser relativen Gegenanzeigen berät, und einen Gebrauch abwägen muss. Zu denen „gehören:

- Asthma bronchiale
- die bekannte überempfindlichkeit gegen Schmerzmittel
- die gleichzeitige Behandlung mit blutgerinnungshemmenden Medikamenten an-derer Stoffklassen wie Heparin oder Cumarin
- Nieren- oder Leberschäden
- Schwangerschaft und Stillzeit“[21]

[20] [3, S.22]
[21] [3, S.23]

- Infizierte Kinder und Jugendliche, da möglicherweise Auslösung des tödlichen Reye-Syndroms

ASS zeigt außerdem Wechselwirkungen mit

- Alkohol
- Gerinnungshemmern
- Antidiabetika
- Antibiotika

ASS kann tödlich sein ab einer Menge von 6 Gramm akut eingenommen oder 10 Gramm über den Tag verteilt.[22]

3.3 Herstellung von Acetylsalicylsäure

Für die Synthese von Acetylsalicylsäure muss Salicylsäure, die industriell durch die Kolbe-Schmitt-Reaktion produziert wird durch Carboxylierung (d.h. COOH) eines Phenols mit Kohlenstoffdioxid in bei 180 °C , mit Essigsäureanhydrid reagieren. ASS entsteht als Ester, da es aus einer Säure (Essigsäureanhydrid) und einem Phenol (Salicylsäure) synthetisiert wird, daher wird es auch Essigsäuresalicylester genannt. Ihre Gleichung lautet

$$C_7H_6O_3 + C_4H_6O_3 \rightleftharpoons C_9H_8O_4 + [C]H_3COOH \text{ oder in Worten}$$
$$\text{Salicylsäure} + \text{Essigsäureanhydrid} \rightleftharpoons \text{Acetylsalicylsäure} + \text{Essigsäure.}$$

Die Synthese lässt sich in Einzelschritten analysieren:

A) Das Essigsäureanhydrid wird durch den Katalysator und Protonendonator H_2SO_4 so protoniert, dass ein Kohlenstoffatom einer Carboxylgruppe (COOH)

[22] [2, S.30-34, 39], [3, S.22-26], [11]

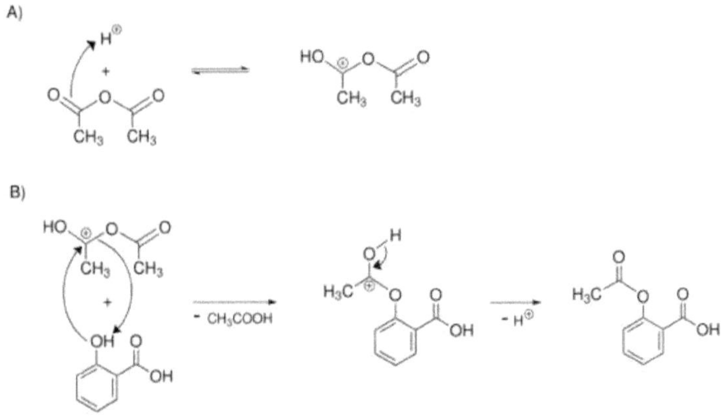

Abbildung 2: Synthese in Einzelschritten, Quelle: Wikipedia, Acetylsalicylsäure

elektrophil wird. Dadurch wird eine nukleophile Substitution mit Salicylsäure in B) ermöglicht.

B) In der nukleophilen Substitution greift die nukleophile Hydroxygruppe (OH) der Salicylsäure das elekrtophile Kohlenstoffatom des Essigsäureanhydrids an und substituiert sein Wasserstoffatom dort mit dem Acetyl-Teil CH_3COH . Einen solchen Austausch nennt man Acetylierung. Der Rest des vorherigen Essigsäureanhydrids reagiert mit dem freigesetzten Wasserstoffatom zur Essigsäure, welche ein Nebenprodukt der Reaktion ist. Zum Schluss wird das ASS werdende Ion an der Hydroxylgruppe deprotoniert, wodurch sich der Katalysator wieder rückbilden kann. [23]

[23] [12]

4 Herstellung von Acetylsalicylsäure und Vergleich mit Aspirin

Im Versuchsteil wird der Reinhaltsgehalt von industriell hergestellten Aspirin der Bayer AG mit dem einer selbst synthetisierten Acetylsalicylsäure verglichen, sodass Aussagen über die Qualität gestellt werden können. Mein Versuch orientiert sich an [12].

4.1 Synthese von Acetylsalicylsäure

Dafür muss zu allererst Acetylsalicylsäure selbst hergestellt werden. Hierfür werden folgende Materialien verwendet:

4.1.1 Versuchsaufbau

Geräte:

- 1 Waage
- 1 Rundhalskolben (idealerweise mit Seitenarm 45°für Temperaturmessung)
- 1 Erlenmeyerkolben
- 1 Magnetrührer mit integriertem Heizblock
- 1 Rührfisch
- 1 Digital-Thermometer
- 1 Filternutsche mit Filterpapier
- 1 Saugflasche mit angeschlossenem Vakuumschlauch und Schlaucholive

Chemikalien:

- 23 g trockene Salicylsäure
- 20 g Essigsäureanhydrid
- 3 Tropfen konzentrierte Schwefelsäure
- Eiswasser
- 16 ml destilliertes Wasser
- 4 ml Ethanol

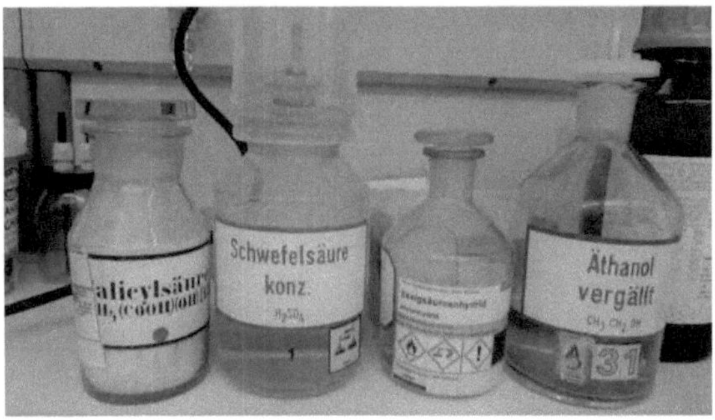

Abbildung 3: Verwendete Chemikalien

4.1.2 Versuchsdurchführung und Beobachtungen

Synthese. Zunächst werden 23 g Salicylsäure, 20 g Essigsäureanhydrid und 3 Tropfen konzentrierte Schwefelsäure sowie ein Rührfisch in den Rundhalskolben eingefüllt. Danach legt man den Kolben auf einen beheizbaren Magnetrührer und erwärmt das Gemisch unter Rühren für 15 Minuten auf 60°C. Anschließend wird der Kolben unter weiterem Rühren für 5 Minuten auf 80 - 90°C erhitzt. Da kein schräg ausstehender Seitenarm am Kolben befestigt ist, muss das Digitalthermometer die Temperatur regelmäßig durch die große öffnung des Rundhalskolbens messen. Nach dem Erhitzen wird der Rundhalskolben in Eiswasser gekühlt.

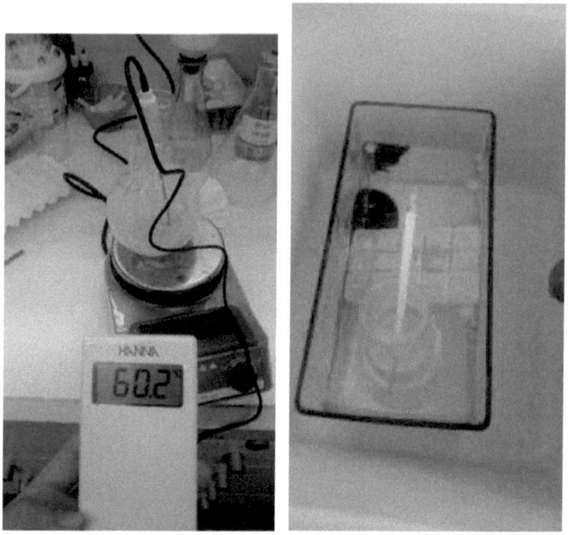

(a) Versuchsapparatur beim Erhitzen

(b) KÃ¼hlen im Eiswasser

Abbildung 4: Synthese

Anschließend wird die ausfallende Acetylsalicylsäure von der Essigsäure gefiltert. Dafür wird eine Filternutsche mit eingelegtem Filterpapier auf ein Sauggefäß gelegt, welches wiederum mit einem Vakuumschlauch an eine Schlaucholive, die an einem Wasserhahn befestigt ist, verbunden wird. Gibt man nun regelmäßig die Acetylsalicylsäure in die Filternutsche hinzu und öffnet den Wasserhahn, wird ein großer Unterdruck im Sauggefäß erzeugt, der eine sehr schnelle Filterung der ASS ermöglicht. Schwierig entfernbare Rückstände werden mit Eiswasser ausgewaschen. Ein kleiner Anteil der zu dem Zeitpunkt noch unreinen Acetylsalicylsäure wird für spätere Analysen aufbewahrt.

Abbildung 5: Filterung mit Filternutsche, Vakuumschlauch und Schlaucholive (von links nach rechts)

Bereinigung. Der Rest der Acetylsalicylsäure wird in folgenden Arbeitsschritten weiter bereinigt: Für die synthetisierte Acetylsalicylsäure verwendet man nun einen weiteren, sauberen Erlenmeyerkolben. Dazu werden 16 ml destilliertes Wasser und 4 ml Ethanol gegeben. Das Gemisch wird anschließend im Wasserbad erhitzt, bis die Acetylsalicylsäure vollständig gelöst ist. Danach wird der Erlenmeyerkolben im Eiswasser gekühlt und die ausfallende Acetylsalicylsäure wieder mit einer Filternutsche gefiltert. Schließlich wird die Substanz eine Stunde lang bei 110 °C in einem Trockenofen getrocknet.

Beobachtungen und Interpretation. Es kann beobachtet werden, dass sich die plättchenförmige ASS nach Bereinigung feinkristallig darstellte. Außerdem war beim Kochen ein Essigsäuregeruch bemerkbar. Dies lässt sich dadurch begründen, dass bei der ASS-Synthese Essigsäure als Nebenprodukt entsteht.

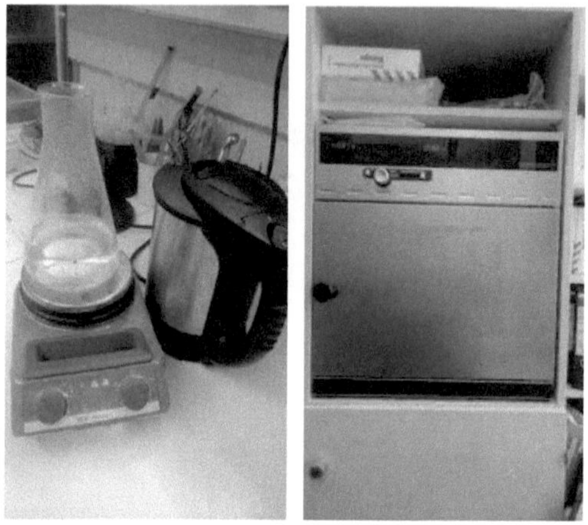

(a) Erhitzen im Erlenmeyerkolben (b) Trocknen im Trockenofen

Abbildung 6: Bereinigung der Acetylsalicylsäure

4.2 Schmelzpunktvergleich

Es wird nun die These (I) aufgestellt, dass Aspirin auf Grund der hohen Qualitätsansprüche in der Pharmaindustrie reiner als die bereinigte, selbst hergestellte ASS sei. Mit einem Schmelzpunktvergleich kann man Vermutungen über den Reinheitsgehalt der Stoffe anstellen. Dazu werden die Schmelzpunkte der selbst hergestellten unreinen und reinen Acetylsalicylsäure und des industriell hergestellten Aspirins der Bayer AG gemessen und verglichen. Außerdem werden die Schmelzpunkte einer komplett reinen Acetylsalicylsäure und die Schmelzpunkte einer komplett reinen Salicylsäure gemessen, sodass Vermutungen über den Reinheitsgrad der vorher genannten Substanzen gestellt werden können. Dazu werden benötigt:

Geräte:

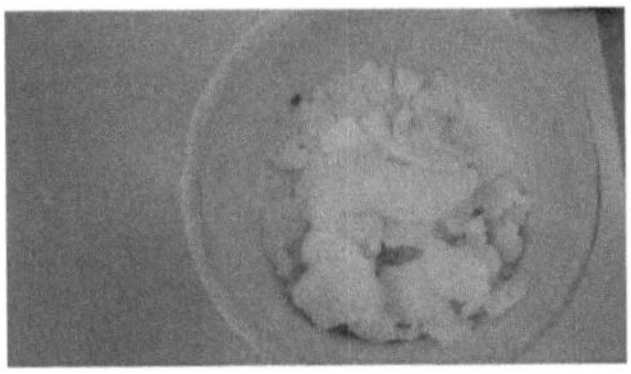 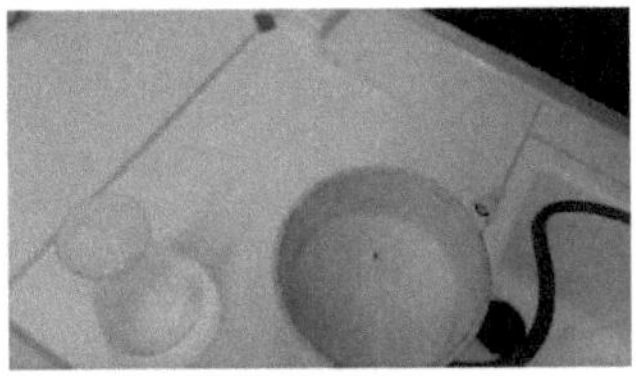

Abbildung 7: ASS vor und nach der Bereinigung

- Heizblock
- Reagenzglasbehälter zur Erhitzung
- Thermometer
- Mörser mit Pistill
- Reagenzgläser

Chemikalien:

- Selbst hergestellte, unreine Acetylsalicylsäure
- Selbst hergestellte, reine Acetylsalicylsäure
- Reine Acetylsalicylsäure
- Reine Salicylsäure

Versuchsdurchführung. Zuerst werden in allen Reagenzgläsern jeweils kleine Proben der jeweiligen Substanz eingefüllt. Dafür muss die Aspirintablette mittels Mörser und Pistill zerkleinert werden. All diese Reagenzgläser werden daraufhin in einen Reagenzglasbehälter, der sich auf einem Heizblock erhitzen lässt, in den entsprechenden Versenkungen für die Reagenzgläser eingeordnet. Danach erhitzt man

Abbildung 8: Zerkleinern der Aspirin-Tablette

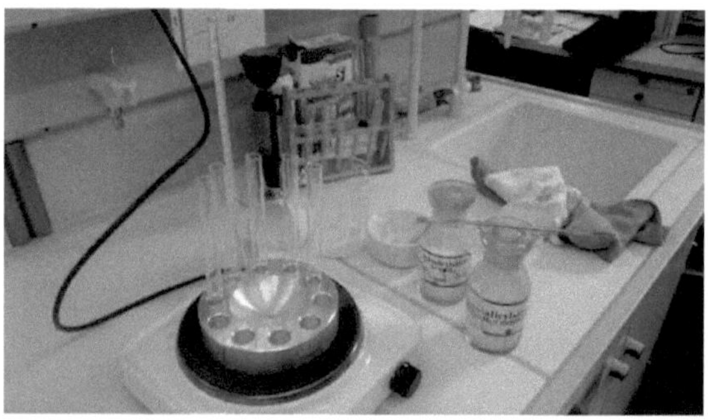

Abbildung 9: Versuchsapparatur zur Schmelzpunktbestimmung

diese mit dem Heizblock zügig auf eine Temperatur von 125 °C, welche 10°C unter dem Orientierungswert des Schmelzpunktes der Acetylsalicylsäure (135 °C) liegt. Anschließend werden die Substanzen langsam um 1 °C pro Minute erhitzt. Dabei werden jeweils die Temperaturen t_1 notiert, an dem eine Substanz schmilzt. Nachdem alle Substanzen geschmolzen sind, wird der Heizblock langsam abgekühlt und in regelmäßigen Abständen von jeder Substanz weitere kleine Proben in die jeweiligen Reagenzgläser gegeben. Beim Abkühlen wird die Temperatur t_2 festgehalten, in der eine Substanz erstarrt. Aus den Temperaturen t_1 und t_2 einer Substanz werden Durchschnittswerte mit der Formel $\frac{1}{2} \cdot (t_1 + t_2))$ gebildet, die den Sofortschmelzpunkt der jeweiligen Substanz darstellen.

Beobachtungen und Messergebnisse (Temperaturen in °C). Im Folgenden werden zur übersichtlichkeit diese Kürzel verwendet:

rASS = reine Acetylsalicylsäure

rshASS = selbst hergestellte reine Acetylsalicylsäure

ushASS = selbst hergestellte unreine Acetylsalicylsäure

rSS = reine Salycilsäure

Es ergaben sich in den Messungen diese Temperaturen:

Temperatur	rASS	rshASS	Aspirin	ushASS	rSS
t_1	137	143	147	149	159
t_2	139	144	148	149	160
Schmelztemperatur	138	144	148	149	160

Tabelle 2: Schmelztemperaturen im Vergleich

Abbildung 10: Geschmolzene Substanzen: ushASS, rshASS, Aspirin, reine ASS, reine Salicylsäure (von links nach rechts)

Auswertung und Interpretation. Man erkennt, dass der Schmelzpunkt der rs-hASS dem Schmelzpunkt der reinen ASS näher ist als der Schmelzpunkt des Aspirins. Damit könnte These (I) verworfen werden. Man erkennt außerdem, dass reine ASS mit 138°C eine niedrigere Schmelztemperatur besitzt als reine Salicylsäure mit 160°C. Daraus könnte man ableiten, dass eine höhere Schmelztemperatur möglicherweise auf einen höheren Salicylsäuregehalt hinweist. So lassen sich die verschiedenen Substanzen wie in Folgendem beschrieben nach ihrem aufsteigenden Reinheitsgrad anordnen:

reine Salicylsäure < ushASS < Aspirin < rshASS < reine ASS.

Es ist erkennbar, dass die selbst hergestellte, reine ASS einen höheren Reinheitsgrad besitzt als Aspirin. Dies muss aber nicht der Fall sein, da Essigsäureanhydrid mit -73 °C einen weitaus niedrigeren Schmelzpunkt als reine ASS besitzt, sodass das Essigsäureanhydrid den Schmelzpunkt der rshASS senken könnte und dadurch die rshASS scheinbar reiner wäre. Selbst wenn dies der Fall wäre, wurde bei These (I) nicht berücksichtigt, dass ein sehr kleiner Teil der verwendeten Aspirin Tablette nach Rezept aus Cellulosepulver und Maispulver besteht, deren Schmelzpunkte über 200

°C liegen und somit die erhöhten Schmelztemperaturen der Aspirin Tablette erklären können. Daher wird These (I) modifiziert zur These (II):

Die ASS in Aspirin ist reiner als die rshASS. Man will mit dieser neuen These die ASS in der Aspirintablette alleine und damit die industriell hergestellte ASS und nicht das industriell hergestellte Aspirin untersuchen. Die These (II) werden daher der Reinheitsgrad von Aspirin und rshASS vertauscht:

$$\text{reine Salicylsäure} < \text{ushASS} < \text{rshASS} < \text{ASS in Aspirin} < \text{reine ASS}.$$

Aufgrund der niedrigen Schmelztemperatur des Essigsäureanhydrids führt ein höherer Anteil im Gemisch zu einer niedrigeren Gesamtschmelztemperatur. Andererseits wird das Gemisch jedoch zunehmend unreiner. Daher kann die Schmelzpunktbestimmung keine Aussagen über den Reinheitsgehalt zulassen, sodass weitere Untersuchungen erfolgen müssen, um die Vermutungen zu bestätigen. Eine davon lässt sich noch im selben Versuchsteil anstellen:

Abgesehen von der Messung der Schmelztemperaturen, kann man beobachten, dass die Farben der geschmolzenen Substanzen dunkler sind, je höher die Schmelztemperatur der jeweiligen Substanz ist. Dass sich die dunkle Farbe auf die Salicylsäure rückführen lässt, ist schwerer zu entkräften, als die vorherige Vermutung, dass die höheren Schmelztemperaturen auf die Salicylsäure zurückzuführen seien. Essigsäureanhydrid müsste hier das Gemisch dunkel färben, um dies widerlegen. Denn nur durch die Tatsache, dass Essigsäureanhydrid als unreiner Teil von rshASS die dunklere Farbe, die es eigentlich hätte haben sollen, ausgleichen kann, kann wie im Bild zu sehen rshASS eine hellere Farbe als Aspirin im geschmolzenen Zustand besitzen. Diese Beobachtung unterstützt daher die Antithese zur These (II).

4.3 Vergleich der pH-Werte

Für die Messung der pH-Werte, eine weitere Untersuchung, der selbst hergestellten unreinen und reinen Acetylsalicylsäure und des industriell hergestellten Aspirins der Bayer AG benötigt man lediglich:

Geräte:

- 3 Reagenzgläser
- pH-Universalindikatorstreifen

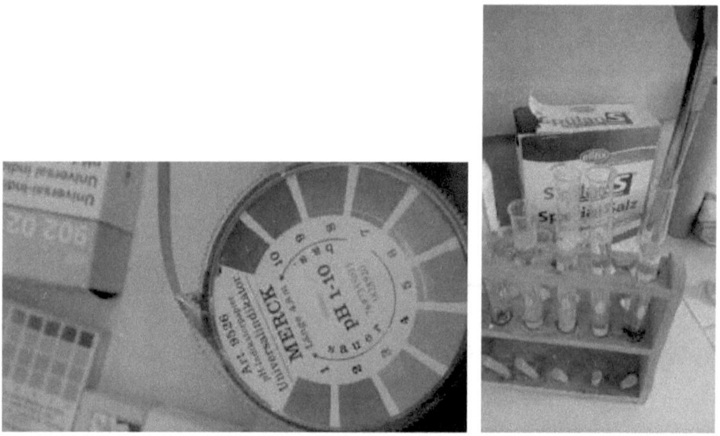

(a) Verwendeter pH-Indikator

(b) Apparatur zur pH-Wertbestimmung

Abbildung 11: Versuchsaufbau für Bestimmung des pH-Wertes

Chemikalien (in Spatelspitzen):

- destilliertes Wasser

- unreineres, selbst hergestellte Acetylsalicylsäure
- reinere, selbst hergestellte Acetylsalicylsäure
- pulverisiertes Aspirin (aus 4.2)

Versuchsdurchführung. Zunächst werden alle Proben in Reagenzgläser gefüllt und in destilliertem Wasser aufgelöst. Nicht-lösbare Teile werden herausgefiltert. Danach wird mit pH-Universalindikatorpapier der pH-Wert der einzelnen Lösungen bestimmt.

Beobachtungen und Messergebnisse. Folgende pH-Werte können ungefähr anhand ihrer Farbe gemessen werden:

Substanz	Farbe	Ungefährer pH-Wert
Aspirin	gelborange	3,5
ushASS	orange	3
rshASS	gelb	4

Tabelle 3: Vergleich der pH-Werte

Auswertung und Interpretation. Da Salicylsäure einen niedrigeren pKs-Wert besitzt als Acetylsalicylsäure (Acetylsalicylsäure: 3,5; Salicylsäure: 2,98[24]) folgt, dass ASS mit einem höheren Bestandteil an Salicylsäure saurer ist, was sich an einem niedrigeren pH-Wert widerspiegelt. Da zu beobachten ist, dass rshASS (Farbe: gelb) einen höheren pH-Wert besitzt als ASS in Aspirin (Farbe: gelborange), müsste nach der analogen Argumentationsweise wie in 4.2 mehr Salicylsäure in der ASS der Aspirin enthalten sein, als in der rshASS. Nach These (II) müsste Essigsäureanhydrid

[24] [13]

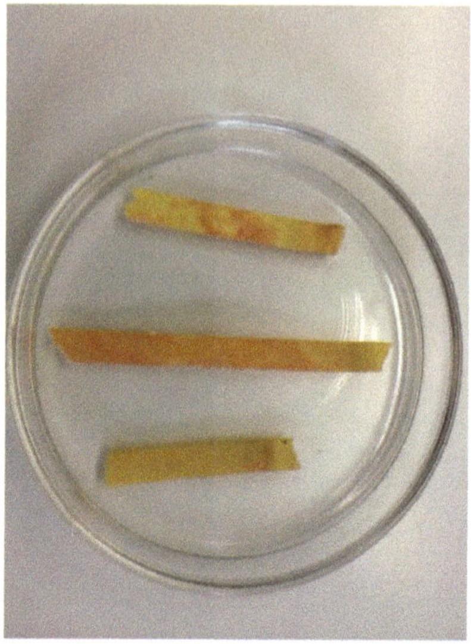

Abbildung 12: Gemessene pH-Werte: Aspirin, ushASS, rshASS (von oben nach unten)

basischer als ASS sein, damit zu erklären ist, wieso rshASS mit höherem Salicylsäurenanteil immer noch basischer als Aspirin ist bzw. die Füllstoffe in Aspirin müssten saurer als ASS sein, was aber stark zu bezweifeln ist.

4.4 Vergleich der Salicylsäurenanteile

Im letzten Versuch werden die Anteile von Salicylsäure in den einzelnen Substanzen aufgezeigt und somit festgestellt, ob These (II) bestätigt werden kann. Hierfür dient Eisen(III)-Chlorid als Salicylsäurenindikator,

Geräte:

- 5 Reagenzgläser

Chemikalien:

- Wasser
- 2 ml Eisen(III)-Chlorid
- selbst hergestellte, unreinere Acetylsalicylsäure in Spatelspitzen
- selbst hergestellte, reinere Acetylsalicylsäure in Spatelspitzen
- pulverisiertes Aspirin in Spatelspitzen (aus 4.2)
- reine Acetylsalicylsäure in Spatelspitzen
- reine Salicylsäure in Spatelspitzen

Versuchsdurchführung. Zuerst werden die Reagenzgläser jeweils mit den einzelnen Proben befüllt. Danach wird in jedes Glas 2 ml Eisen(III)-Chlorid hinzugegeben. Anschließend werden die Reagenzgläser zur Hälfte mit Wasser aufgefüllt und Beobachtungen dokumentiert.

Beobachtungen und Messergebnisse. Bei den Stoffen können folgende Farben nach dem Salicylsäurennachweis gemessen werden:

Auswertung und Interpretation. Ein hoher Anteil von Salicylsäure in den jeweiligen Substanzen wird durch eine entsprechende dunkle Farbe dargestellt. Die Stoffe können im Salicyl-Nachweis nach ihrer Farbe von hell nach dunkel angeordnet werden:

reine ASS > rshASS > ASS in Aspirin > ushASS > Salicylsäure

Substanz	Farbe	Anteil an Salicylsäure
ushASS	dunkelviolett	viel
rshASS	violett	wenig
Aspirin	braun	mäßig
rASS	hellrosa	minimal (fast 0%)
reine Salicylsäure	dunkelblau, fast schwarz	rein (100%)

Tabelle 4: Vergleich der Farbe und des Salicylsäureanteils

Abbildung 13: Ergebnisse nach dem Salicylsäurennachweis: ushASS, rshASS, Aspirin, reine ASS, reine Salicylsäure (von links nach rechts)

Da somit bewiesen ist, dass Salicylsäure in rshASS als unreiner Teil vorhanden ist, kann kein Essigsäureanhydrid als unreiner Teil in rshASS existieren, da dieser sonst mit der unreinen Salicylsäure reagiert hätte. Dadurch kennzeichnet ein höherer Anteil an Salicylsäure einen niedrigeren Reinheitsgrad dieser ASS. Dadurch, dass hier lediglich Saliycylsäure und nicht Essigsäurenanhydrid als unreiner Teil existieren kann, wird geschlussfolgert, dass die Anordnung der Antithese stimmt und die These (II) endgültig verworfen werden kann.

Fehleranalysen. Es kann keine Aussage über den prozentualen Anteil der ASS im selbst hergestellten reinen ASS-Gemisch gemacht werden, da viele Rückstände durch die Filterung und überführungsprozesse in andere Behälter während der Synthese in 4.1 zurückblieben. Hinzu kommt, dass die Temperaturmesswerte in 4.2 ungenau sein könnten, da nur eine vage Bestimmung der Schmelztemperaturen möglich war. Außerdem ergab die erste pH-Wertmessung in 4.3 unerwartet basische Ergebnisse, da die gemessenen Substanzen vor der Messung nicht vollständig gelöst waren. Dabei wurde folgende Korrelation beobachtet: je saurer die Stoffe tatsächlich waren, desto basischer zeigten sich ihre pH-Wertmessungen im ersten Versuch. Es kamen Werte im pH-Wertbereich sechs bis acht vor.

5 Fazit und Ausblick auf die Zukunft von Aspirin und Medikamenten

Durch das Bevölkerungswachstum, den gestiegenen Lebensstandard vieler Länder, das stärkere Gesundheitsbewusstsein und die höhere Lebenserwartung steigt die Nachfrage nach Medikamenten enorm. Hinzu kommt noch die Globalisierung und mit ihr die zunehmende wirtschaftliche Konkurrenz, von der auch die Pharmaindustrie betroffen ist. Dies führt dazu, dass Pharmaunternehmen ihre früher sehr hohen Qualitätsansprüche - sowohl in der Herstellung als auch bei der Forschung - auf das Mindeste reduzieren und ihren Fokus auf den maximalen Gewinn legen. Der Umsatz des weltweiten Pharmamarktes hat sich von 2003 bis 2012 sogar fast verdoppelt.[25] Dass sich dieser hohe Gewinn jedoch nicht auf die Forschung zurückführen lässt, zeigen Marktforschungsstudien: Seit einigen Jahren stagnieren oder sinken weltweit die Forschungs- und Entwicklungsausgaben. Dagegen wird seit den letzten vier Jahren rund 50% mehr Geld für Marketing ausgegeben, sodass die Marketingausgaben nun

[25] [14]

doppelt so groß sind wie Forschungs- und Entwicklungsausgaben. [26]

Dieser Gedanke könnte die mangelnde Reinheit von industriell hergestelltem Aspirin erklären: der Nutzen einer höheren Reinheit lohnt sich für die Pharmaindustrie kaum, wenn man die höheren Ausgaben für Bereinigungsprozesse bedenkt. Außerdem ist eine größere Reinheit augenscheinlich nicht notwendig, da alle Qualitätsanforderungen erfüllt sind.

Andererseits kann man bezüglich der Zukunft der Pharmazie auch optimistisch sein. Arzneien, die der Biotechnologie entspringen (Biosimilars), gewinnen immer mehr an Bedeutung, da sie im Vergleich zu den chemischen Medikamenten ein hohes Heilpotenzial „schwieriger" Krankheiten wie Krebserkrankungen oder Alzheimer besitzen. Bereits heutzutage werden biopharmazeutische Arzneimittel verwendet, wie zum Beispiel Insulin bei der Behandlung des Diabetes mellitus. Der Anteil an biotechnologisch hergestellten Medikamenten hat sich in den letzten zehn Jahren auf fast 25% verdoppelt.[27]

[26] [15]
[27] [16], [17]

Literaturverzeichnis

[1] Frank Brunecker, *Ein Medikament entsteht*, Boehringer Ingelheim, 1.Auflage, Biberach an der Riß, 2011

[2] Ingrid Pfendtner, *So heilt und lindert ASS*, Weltbild, 1.Auflage, Augsburg, 1999

[3] Ferdinand Vennemann, *Aspirin. Das universelle Medikament*, Weltbild, 1.Auflage, München, 1998

[4] Doccheck, *Arzneimittel*, http://flexikon.doccheck.com/de/Arzneimittel, 2017

[5] Doccheck, *Medikament*, http://flexikon.doccheck.com/de/Medikament, 2017

[6] Doccheck, *Pharmakodynamik*, http://flexikon.doccheck.com/de/Pharmakodynamik, 2017

[7] Doccheck, *Pharmakokinetik*, http://flexikon.doccheck.com/de/Pharmakokinetik

[8] Vitanet, *Medikamente mit oder ohne Rezept?*, http://www.vitanet.de/apotheken/medikamente_verschreibungs pflicht, 2015

[9] Vitanet, *Der Beipackzettel*, http://www.vitanet.de/apotheken/medikamente_beipackzettel, 2015

[10] Bayer, *Aspirin - überraschend vielseitig*, https://www.bayer.de/de/aspirin.aspx, 2017

[11] Chemie.de, *Acetylsalicylsäure*,
http://www.chemie.de/lexikon/Acetylsalicylsäure.html, 2017

[12] Conatex, *Synthese von Acetylsalicylsäure*,
https://www.conatex.com/media/experiments/VADE/VADE_Chemie_Synthese_von_Acetylsalicylsaeure.pdf, 2017

[13] LMU, *Schulversuche*
http://www.cup.lmu.de/didaktik/lehrer/materialien/aspirin/aspirin--schulversuche/ph-wert-von-acetylsalicylsaeure.html, 2017

[14] Statista, *Pharmamarkt - Statista-Dossier 2013*,
http://veranstaltungen.handelsblatt.com/pharma/wp-content/uploads/2013/12/pharmamarkt-statista-dossier-2013-2.pdf, 2013

[15] Laborjournal, *Wirbt die Pharmaindustrie zu viel?*,
http://www.laborjournal.de/editorials/1126.lasso, 2016

[16] Tagesspiegel, *Umsätze mit Biotech-Medikamenten nehmen zu*,
http://www.tagesspiegel.de/wirtschaft/die-zukunft-der-medikamentenentwicklung-biopharmaka-umsaetze-mit-biotech-medikamenten-nehmen-zu/9859524.html, 2014

[17] Pharmazeutische Zeitung, *Marktanalyse: Jedes vierte Medikament ist bio*,
http://www.pharmazeutische-zeitung.de/index.php?id=70074, 2017

Abbildungsverzeichnis